Toshanlal Meenpal
Shrish Verma
Aarti Goyal

Uma introdução à verificação do parentesco

Toshanlal Meenpal
Shrish Verma
Aarti Goyal

Uma introdução à verificação do parentesco

ScienciaScripts

Imprint
Any brand names and product names mentioned in this book are subject to trademark, brand or patent protection and are trademarks or registered trademarks of their respective holders. The use of brand names, product names, common names, trade names, product descriptions etc. even without a particular marking in this work is in no way to be construed to mean that such names may be regarded as unrestricted in respect of trademark and brand protection legislation and could thus be used by anyone.

Cover image: www.ingimage.com

This book is a translation from the original published under ISBN 978-620-2-09454-2.

Publisher:
Sciencia Scripts
is a trademark of
Dodo Books Indian Ocean Ltd. and OmniScriptum S.R.L publishing group

120 High Road, East Finchley, London, N2 9ED, United Kingdom
Str. Armeneasca 28/1, office 1, Chisinau MD-2012, Republic of Moldova, Europe
Printed at: see last page
ISBN: 978-620-7-96970-8

PREFÁCIO

O principal objetivo deste livro é fornecer uma compreensão detalhada da verificação de parentesco. A verificação de parentesco é um tópico de investigação novo e emergente no domínio do processamento de imagem e da visão por computador. Envolve verificar se existe algum parentesco entre pares de determinadas imagens faciais. Tem muitas aplicações potenciais na organização de álbuns de família, na exploração das redes sociais, na procura de crianças desaparecidas e muitas outras.

Este livro contém 9 capítulos que abrangem todos os aspectos possíveis da verificação do parentesco. Os capítulos 1 a 4 abrangem a introdução, a terminologia do parentesco, os tipos e a aplicação à verificação do parentesco. No Capítulo 5 é apresentada uma revisão da literatura que abrange toda a investigação relevante publicada e no Capítulo 6 é apresentada uma revisão de todos os conjuntos de dados de parentesco disponíveis. No capítulo 7, apresenta-se uma breve panorâmica do sistema automatizado de verificação do parentesco que ajuda a efetuar a verificação do parentesco. O capítulo 8 aborda as questões actuais da verificação do parentesco e o capítulo 9 apresenta uma conclusão concreta para a verificação do parentesco.

AGRADECIMENTOS

Os autores estão sempre gratos ao Todo-Poderoso por os ter guiado na sua perseverança e os ter abençoado com as suas realizações.
Os autores gostariam de agradecer ao Science and Engineering Research Board (sERB), Departamento de Ciência e Tecnologia, Governo da Índia, pelo financiamento da sua investigação nesta área. (Referência n.º ECR/2016/001659)
Os autores gostariam também de agradecer aos seus pais e família pelo seu constante encorajamento e apoio incondicional.

CONTEÚDO

CAPÍTULO 1
INTRODUÇÃO

Os seres humanos herdam os traços dos seus antepassados através do parentesco genético. Expressões como "O Tiago tem o nariz do pai" ou "A alegria tem os olhos da mãe" são muito comuns e definem o parentesco genético. Estudos psicológicos recentes evidenciaram o facto de o parentesco genético ser muito mais elevado em pessoas biologicamente aparentadas do que em pessoas não aparentadas.

Os seres humanos com genes comuns têm semelhanças na sua aparência, gestos, comportamento, voz e muito mais. De todos estes elementos, o rosto humano é o fator mais importante para medir as semelhanças genéticas. O rosto é o fator mais fiável que nos ajuda a reconhecer facilmente as pessoas. Os seres humanos podem reconhecer-se rápida e facilmente pelos seus rostos.

Para determinar qual a parte do rosto que desempenha o papel mais importante na identificação de pessoas, foi efectuada uma experiência em [1] com vários observadores. Foi-lhes pedido que adivinhassem "se um par de imagens faciais correspondia ou não a irmãos", observando toda a parte superior e inferior da face, a região dos olhos, a região do nariz e a região dos lábios. Num tipo de experiência semelhante [2], os observadores foram convidados a julgar se os pares de imagens nas fotografias eram irmãos, mostrando-lhes os lados esquerdo e direito da face. Os resultados mostraram que não havia superioridade de nenhum dos lados do rosto. Estes resultados inspiraram vários investigadores de visão computacional e processamento de imagem a investigar se uma máquina poderia reconhecer estas relações a partir de imagens faciais.

A relação entre irmãos e irmãs é apenas uma parte do parentesco. O parentesco pode ser de diferentes tipos, consoante o cenário.

CAPÍTULO 2
TERMINOLOGIA DO PARENTESCO

Este capítulo apresenta uma estrutura completa das diferentes relações de parentesco e dos seus tipos.

2.1. DEFINIÇÃO

O parentesco é um termo lato que tem significados distintos consoante o tipo de enquadramento que lhe está associado. O parentesco indica uma certa semelhança, familiaridade ou proximidade entre entidades com base em traços herdados ou genes. Na antropologia, o parentesco é definido como a rede de relações sociais entre pessoas na sociedade que constitui uma parte importante da vida [3]. Em biologia, o parentesco é definido como o coeficiente de relação ou o grau de parentesco genético entre indivíduos da mesma espécie [4, 5]. O parentesco pode referir-se quer a padrões de relações sociais, quer ao estudo de padrões de relações sociais numa ou mais culturas humanas.

2.2. TIPOS DE FAMÍLIA

As relações como a adoção estão excluídas do parentesco porque uma criança adoptada não tem qualquer ligação biológica com os seus pais. As relações estabelecidas através do casamento formam alianças entre grupos de pessoas ligadas pelo sangue (ou laços consanguíneos) [6, 7]. Na nossa sociedade, o parentesco divide-se em dois tipos principais.

1. Relação de sangue (consanguinidade) :

Trata-se de relações baseadas no sangue ou em laços genéticos, partilhando certos traços genéticos comuns. As relações de parentesco entre pais e filhos, avós e netos e irmãos são abrangidas pelo parentesco de sangue.

2. Relação matrimonial (afim) :

Trata-se de relações baseadas no casamento. O marido e a mulher, a sogra e a nora fazem parte do parentesco matrimonial.

2.3. DIPLOMA DE FILIAÇÃO

Uma relação baseia-se no grau de proximidade, que depende da forma como os indivíduos estão relacionados uns com os outros [8, 9, 10, 11]. Em termos de grau de proximidade, o parentesco divide-se essencialmente em três graus: primário, secundário e terciário.

1. Parentesco primário :

O parentesco primário refere-se a relações muito próximas e diretamente relacionadas. Existem oito tipos principais de relações primárias: pai-filho, pai-filha, mãe-filho, mãe-filha, marido-mulher, irmã-irmã, irmã-irmã, irmão-irmão.

O parentesco primário divide-se em dois tipos: o parentesco consanguíneo primário e o parentesco afim primário.

- Parentesco consanguíneo primário: refere-se a laços de sangue diretamente relacionados. Os pais, os filhos e os irmãos formam a relação de sangue primária.
- Relação afectiva primária: Refere-se às relações matrimoniais diretamente relacionadas. A única relação afectiva primária é a do marido e da mulher.

2. Relação secundária :

O parentesco secundário refere-se ao parentesco primário de primeiro grau. As pessoas que estão diretamente relacionadas com os parentes primários tornam-se parentes secundários de uma pessoa. Existem 33 graus de parentesco secundário.

O parentesco secundário divide-se em dois tipos: O parentesco secundário consanguíneo e o parentesco secundário afim.

- Consanguinidade secundária: Avós e netos são a forma mais básica de consanguinidade secundária.
- Relações afectivas secundárias: Cunhados, cunhados e sogros são as relações secundárias mais comuns.

Para uma pessoa, o seu cônjuge é o seu primeiro parente afim e, para o cônjuge, os seus pais e irmãos são os seus primeiros parentes. Consequentemente, os pais do cunhado ou da cunhada de uma pessoa passam a ser o seu parente afim secundário. Do mesmo modo, o cônjuge ou os sogros de um irmão ou de uma irmã passam a ser os parentes afins secundários de uma pessoa.

3. Parentesco terciário :

O parentesco terciário refere-se ao parentesco secundário do parentesco primário. Existem cerca de 151 parentescos terciários.

O parentesco terciário divide-se em dois tipos: O parentesco consanguíneo terciário e o parentesco afim terciário.

- Parentesco consanguíneo terciário: refere-se ao parentesco consanguíneo primário de um indivíduo (pais), ao parentesco primário (pais dos pais) e ao parentesco primário (pais dos pais dos pais), como bisnetos-trinetos.
- Parentes afins terciários: São os parentes afins primários, os parentes afins secundários ou os parentes afins secundários, como os avós, os tios-avós e as tias-avós do cônjuge.

CAPÍTULO 3
VERIFICAÇÃO DA FILIAÇÃO

A verificação do parentesco é definida como a tarefa de verificar se existe algum parentesco entre determinados pares de imagens faciais. Por outras palavras, a verificação do parentesco é a tarefa de treinar uma máquina para reconhecer se existe algum parentesco entre um par de imagens com base em caraterísticas extraídas das imagens faciais. Em comparação com a maior parte das análises convencionais de imagens faciais existentes, como o reconhecimento facial [12,13,14,15,16,117,18,19], o reconhecimento de expressões faciais [20,21], a estimativa da idade facial [22,23,24,25], a classificação do género [26,27] e o reconhecimento da etnia [28,29], as tentativas de verificar o parentesco a partir de imagens faciais são muito limitadas na literatura.

Recentemente, a verificação de parentesco por parte de humanos foi estudada em psicologia [30, 31, 32], e foi feita uma observação importante. A observação foi que os rostos humanos podem transmitir algumas pistas importantes para a identificação de relações de parentesco humano. As relações biológicas e as semelhanças entre caraterísticas devidas ao parentesco genético dentro da mesma família também levaram os investigadores a analisar o problema da verificação do parentesco.

Inspirados por estas observações, os investigadores da visão por computador começaram a estudar o problema da verificação do parentesco e a explorar este facto para desenvolver uma máquina capaz de reconhecer o parentesco. Na verificação de parentesco utilizando técnicas de visão por computador, a máquina é treinada para distinguir entre amostras de pessoas aparentadas e não aparentadas, com base em caraterísticas faciais extraídas, e para determinar o tipo ou grau exato de parentesco. Os principais objectivos deste projeto são o desenvolvimento de modelos e algoritmos informáticos para a verificação de relações de parentesco entre humanos.

Nos últimos anos, os investigadores, nomeadamente os especialistas em visão computacional, têm demonstrado um interesse considerável por este assunto e desenvolveram várias técnicas de visão computacional para melhorar a precisão da verificação.

CAPÍTULO 4 MOTIVAÇÃO E APLICAÇÃO

A verificação de parentesco utilizando imagens faciais é uma área nova e emergente de investigação em visão computacional que está a receber cada vez mais atenção. A verificação do parentesco pode identificar relações que ajudariam a resolver problemas como o tráfico de seres humanos, o contrabando de crianças, a adoção de crianças e a procura de crianças desaparecidas. Quando a verificação do parentesco é efectuada com um elevado grau de precisão, pode ser utilizada para a etiquetagem de imagens faciais para identificar árvores genealógicas. A utilização de técnicas de visão por computador poderá acrescentar uma nova dimensão à procura de laços de parentesco de forma rápida e económica.

A verificação dos laços familiares constituiria uma ajuda adicional ao processo complexo e dispendioso de verificação do ADN. Atualmente, os testes de ADN são a abordagem dominante para verificar as relações entre indivíduos, mas são mais dispendiosos e requerem uma autorização legal morosa. Por conseguinte, se a exatidão da verificação do parentesco for melhorada, poderá ser utilizada para identificar primeiro alguns possíveis candidatos com um elevado grau de semelhança e, em seguida, serão aplicados testes de ADN para obter o resultado exato da pesquisa. Por exemplo, se alguém quiser encontrar uma criança desaparecida entre milhares de crianças, é difícil utilizar testes de ADN para verificar a sua relação por razões de privacidade. No entanto, se for utilizado o método de verificação de parentesco, é possível identificar primeiro alguns possíveis candidatos com grandes semelhanças a partir de imagens faciais e, em seguida, aplicar testes de ADN para obter o resultado exato da pesquisa. Os utilizadores podem ter preferências diferentes quanto à eliminação de falsos candidatos.

Em suma, várias aplicações de verificação de parentesco poderiam motivar os investigadores a utilizar técnicas de visão computacional para este fim:

1. Construa uma árvore genealógica dinâmica a partir de colecções de fotografias.
2. Organizar e gerir conjuntos de dados de imagens em grande escala em sítios

Web sociais.

3. Conceber um software de albumina que possa ajudar a distinguir os membros da família dos impostores.

4. No domínio da ciência forense, como a assistência ao ADN.

5. Em ciências criminais, como a busca de um familiar desaparecido, o tráfico de crianças e o tráfico de seres humanos.

6. Na análise de redes sociais, como a gestão automática e a marcação de bases de dados de imagens.

7. Identificação de pais a partir de uma coleção de fotografias e recuperação de imagens

CAPÍTULO 5
ESTUDO BIBLIOGRÁFICO

Nos últimos anos, os investigadores têm reivindicado vários métodos para verificar o parentesco utilizando imagens faciais. O seu objetivo é desenvolver algoritmos para determinar se existe uma relação de parentesco entre duas imagens faciais. A ideia subjacente à verificação do parentesco consiste em extrair caraterísticas salientes de imagens faciais de pessoas diferentes que podem ou não partilhar relações de parentesco. A tarefa consiste em examinar as caraterísticas extraídas e determinar se existe uma relação entre determinadas imagens de pessoas com base na semelhança facial. O quadro 1 resume uma análise especializada dos métodos de parentesco existentes.

Foram publicados numerosos artigos por vários investigadores sobre a verificação do parentesco através de imagens faciais, mostrando como as imagens faciais podem ser utilizadas para determinar relações de parentesco. Estes artigos mostraram que as pessoas que são parentes partilham certos traços comuns, em particular a sua aparência facial. Apesar disso, os investigadores não se esforçaram por desenvolver um algoritmo de verificação de parentesco até R. Fang et al [34] apresentarem a primeira base de dados de parentesco, denominada base de dados Cornell KinFace, em 2010. R. Fang [34] propôs e avaliou um conjunto de caraterísticas de imagem de baixo nível para este problema de classificação. Utilizou caraterísticas faciais localizadas, como o valor de cinzento, o histograma de gradiente da cor da pele e a informação de estrutura. Após a extração das caraterísticas, o KNN foi utilizado para a classificação e foi obtida uma precisão de 70,67% na base de dados Cornell KinFace.

S. Xia et al. em 2012 [35] propuseram uma base de dados denominada UB KinFace que inclui imagens de crianças, pais jovens e pais idosos. Os autores propuseram um método de aprendizagem de subespaço de transferência alargado (TSL) destinado a atenuar a enorme divergência de distribuições entre a criança e o pai idoso. Além disso, foram utilizados sujeitos humanos num estudo de base sobre a base de dados para validar o desempenho do algoritmo proposto. A precisão obtida é de 56,50% para o UB KinFace utilizando caraterísticas locais de Gabor, o que é muito baixo e insatisfatório. No entanto, em comparação com o trabalho anterior de R. Fang et al

[34], o impacto da iluminação, do assentamento e do envelhecimento foi maior na base de dados UB KinFace. Além disso, esta foi a primeira tentativa na base de dados UB KinFace, o que incentivou outros investigadores a trabalhar em bases de dados de parentesco.

G. Guo et al. em 2012 [43] propuseram o descritor DAISY para extrair e descrever caraterísticas faciais salientes para a verificação do parentesco. Desenvolveram um esquema dinâmico para combinar estocasticamente caraterísticas familiares. O desempenho do método proposto foi avaliado numa base de dados recolhida manualmente que incluía fotografias de familiares e não familiares.

X. Zhou et al [44] propuseram em 2012 um novo descritor de caraterísticas baseado na aprendizagem em pirâmide espacial (SPLE) para descrever caraterísticas faciais salientes. Os autores recolheram 400 pares de imagens da Internet contendo imagens de figuras públicas ou celebridades e dos seus pais ou filhos. Afirmam que esta é a primeira tentativa de estudar a verificação de parentesco utilizando imagens faciais em condições não controladas, sem restrições em termos de iluminação, pose, envelhecimento e oclusão. No entanto, as bases de dados Cornell KinFace e UB KinFace, recolhidas em condições não controladas, já foram utilizadas para a verificação do parentesco em [34] e [35], respetivamente.

Naman Kohli et al. em 2012 [45] apresentaram um algoritmo de classificação de parentesco utilizando imagens faciais Weber pré-processadas. Os autores propuseram o algoritmo Self Similarity Representation of Weber face (SSRW) para classificar relações de parentesco e não parentesco. O algoritmo proposto deu uma precisão média de 75,2% na base de dados de parentesco IIITD (recolhida manualmente pelos autores com 272 pares de imagens) e até 55,3% na base de dados de parentesco UB.

R. Fang et al., em 2013 [39], criaram a primeira maior base de dados de parentesco com 14 816 imagens denominada "Family 101". Jiwen Lu et al., em 2013 [38], criaram uma base de dados denominada KinFaceW, dividida em dois subconjuntos, KinFaceW-I e KinFaceW-II, que inclui os quatro tipos de relações entre pais e filhos.

A primeira tentativa de utilizar métodos de aprendizagem métrica para a verificação do parentesco foi efectuada por Jiwen Lu et al. em 2013 [38]. Os métodos de aprendizagem métrica têm por objetivo aprender uma métrica de distância segundo a qual as amostras intra-classe, ou seja, as imagens faciais com uma relação de parentesco, são aproximadas o mais possível e as amostras inter-classe, ou seja, as imagens faciais sem uma relação de parentesco, são afastadas o mais possível em simultâneo, de modo a que possa ser explorada mais informação discriminatória para a verificação. Os autores de [38] propuseram um novo método de aprendizagem métrica de repulsão de vizinhança (NRML) para a verificação de parentesco utilizando imagens faciais. Também propuseram um método NRML de múltiplas vistas (MNRML) para utilizar melhor os descritores de múltiplas caraterísticas (no artigo foi utilizada uma combinação de LBP, LE, SIFT, TPLBP) para extrair informações adicionais. Os autores avaliaram o desempenho dos métodos propostos nas bases de dados KinFaceW-I e KinFaceW-II e obtiveram uma precisão média de 69,9% e 76,5%, respetivamente. Embora os resultados de precisão não sejam muito satisfatórios, inspiraram uma série de trabalhos futuros nesta direção.

Inspirado no trabalho de [38], H. Yan et al. propuseram em 2014 [46] outro método de aprendizagem métrica para verificação de parentesco usando imagens faciais. Os autores propuseram um método de aprendizagem discriminativa multi-métrica (DMML) que aprende conjuntamente múltiplas métricas de distância com as múltiplas caraterísticas extraídas. Utilizaram uma combinação de três descritores de caraterísticas diferentes (LBP, SPLE, SIFT) para extrair informações diferentes e complementares de imagens faciais e efectuaram experiências em várias bases de dados de parentesco. O método DMML deu melhores resultados do que [38] para a base de dados KinFaceW.

Mais uma vez, H. Yan et al. em 2015 [47] propuseram um método de aprendizagem métrica conhecido como o método NRCML (Neighborhood Repelled Correlation Metric Learning) para a verificação de parentesco. No artigo [49], os autores utilizaram uma medida de similaridade de correlação em vez de uma medida de similaridade euclidiana [38] para aprender uma métrica de distância discriminativa.

H. Yan et al. em 2015 [48] propuseram um método de aprendizagem de caraterísticas conhecido como método de aprendizagem de caraterísticas discriminativas baseadas em protótipo (PDFL) para verificação de parentesco. O método proposto aprende caraterísticas discriminativas de nível médio em vez de caraterísticas de baixo nível para melhor caraterizar o parentesco de imagens faciais. Os autores também propuseram um método de PDFL com múltiplas vistas (MPDFL) para utilizar melhor as múltiplas caraterísticas de baixo nível para aprender caraterísticas de nível médio. A precisão do desempenho de verificação do método MPDFL foi melhor do que [38] mas pior do que [46].

X. Zhou et al. apresentaram um novo método de aprendizagem métrica conhecido como método de aprendizagem por semelhança de conjunto (ESL) em 2016 [49]. Neste artigo, os autores introduziram uma função de semelhança bilinear esparsa para modelar as caraterísticas relativas codificadas no conjunto de dados de parentesco. Foi usada uma função de similaridade parametrizada por uma matriz diagonal, que se beneficia de maior eficiência computacional, tornando o método proposto mais prático para aplicações de verificação de parentesco de alta dimensão. O ESL então aprendeu os dados de relacionamento gerando um conjunto de modelos de similaridade. Os resultados obtidos mostraram um melhor desempenho do que [38] e uma menor complexidade computacional.

Em 2015, K. Jhang et al [50] tentaram utilizar a aprendizagem profunda para a verificação do parentesco. Esta tentativa foi motivada pelo sucesso impressionante dos métodos de aprendizagem profunda em várias representações de imagens e classificação no reconhecimento facial. O autor [50] propôs uma arquitetura de rede neural convolucional (CNN) que consiste em duas camadas de pooling convolucional máximo, seguidas de uma camada de convolução e depois de uma camada totalmente ligada. As caraterísticas de alto nível foram geradas a partir das activações dos neurónios na última camada oculta e depois introduzidas num classificador soft-max para verificação do parentesco. Os resultados experimentais obtidos para as bases de dados KinFaceW-I e KinFaceW-II são de 77,5% e 88,4%, respetivamente, o que é superior aos vários métodos anteriores.

M. Wang et al. apresentaram um novo modelo de verificação profunda do parentesco (DKV) para a verificação do parentesco em 2015 [51]. Neste modelo, os autores integraram a excelente arquitetura de aprendizagem profunda na aprendizagem métrica para melhorar o desempenho da verificação de parentesco. O modelo proposto seleciona caraterísticas não lineares que podem encontrar o espaço de projeto adequado para garantir uma margem de amostras sem parentesco tão grande quanto possível e uma margem de parentesco tão pequena quanto possível. Os resultados experimentais obtidos para as bases de dados KinFaceW-I e KinFaceW-II foram de 66,9% e 71,3%, que foram fracos em comparação com os resultados de métodos anteriores e os autores não conseguiram justificar corretamente os resultados.

X. Zhou et al. em 2015 [52] introduziram uma nova base de dados de parentesco denominada Tri-subject Kinship Face Database (TSKinFace) que contém principalmente dois tipos de relações de parentesco: Pai-Mãe-Filha (FM-D) e Pai-Mãe-Filho (FM-S). Esta base de dados foi recolhida para avaliar relações de parentesco de três sujeitos em vez de relações de parentesco ordinais de dois sujeitos.

Em [52], X. Qin et al. tentaram, pela primeira vez, estudar o problema da verificação da relação de parentesco entre três indivíduos utilizando informações de ambos os pais e não apenas de um deles (como na base de dados KinFaceW). Os autores propuseram um novo modelo bilinear simétrico relativo (RSBM) e um método de seleção de caraterísticas votado espacialmente, ambos incorporando conhecimentos prévios da estrutura de dependência entre um filho e os seus dois pais. Os resultados de verificação obtidos foram de cerca de 80% para a precisão média e mostraram que o método proposto melhorou o desempenho da verificação de parentesco de dois sujeitos, quando a informação sobre ambos os pais está disponível. Além disso, este método pode ser aplicado, com resultados encorajadores, a outros tipos de verificação de parentesco com três sujeitos, como a verificação pai/filho/mãe, e ao problema tradicional de parentesco um-para-um.

A maior parte dos métodos de verificação do parentesco propostos até 2015 baseavam-se na aprendizagem de caraterísticas e na aprendizagem de métricas, com o objetivo de aumentar a taxa de verificação. Em 2015, Pendar et al. [53] propuseram um método de seleção de caraterísticas baseado na otimização para a verificação do parentesco. Combinaram caraterísticas locais e globais e, em seguida, as caraterísticas eficazes e discriminativas foram selecionadas utilizando a técnica de otimização do algoritmo genético. Os resultados obtidos para as bases de dados KinFaceW-I e KinFaceW-II foram de 81,3 % e 86,15 %. Os resultados encorajadores de [53] incentivariam os investigadores a utilizar descritores de caraterísticas faciais mais eficientes e um método de aprendizagem métrica baseado na seleção de caraterísticas pelo algoritmo de parentesco genético.

[3]M. Xu et al. em 2016 [54] propuseram um novo método de aprendizagem de similaridade estruturada esparsa (S L) ligeiramente semelhante ao método proposto em [27]. No método proposto, o autor aprendeu conjuntamente vários modelos de similaridade bilineares esparsos usando normas de indução de esparsidade estruturadas conjuntas. Foi utilizada uma função bilinear diagonal, o que aumentou a eficiência computacional da aprendizagem e dos testes. Ao impor a esparsidade estruturada em múltiplas funções de semelhança bilineares esparsas de diferentes representações de caraterísticas, o modelo de semelhança aprendido em conjunto é capaz de explorar interações e correlações entre dados faciais de múltiplas vistas para obter informações refinadas e de nível superior para uma medida mais robusta da aparência do rosto. No futuro, os investigadores poderão integrar métodos de aprendizagem de caraterísticas e de aprendizagem métrica num quadro unificado para uma verificação de parentesco mais robusta, a fim de obter uma maior precisão.

Q. Liu et al. em 2016 [55] apresentaram um método inovador de vetor de Fisher hereditário (IFVF) para verificação de parentesco. Os autores derivaram uma transformação hereditária através da otimização de várias funções objectivas e, em seguida, aplicaram a transformação hereditária ao vetor Fisher extraído do espaço de cor adversário para derivar o método IFVF. Finalmente, foi utilizada uma nova medida de semelhança de cosseno de potência fraccionada para verificar a relação. Os resultados mostraram que o método proposto é capaz de obter resultados comparáveis aos dos métodos mais avançados de verificação de parentesco.

J. Zhang et al. em 2016 [56] propuseram um modelo de combinação linear (LC) inspirado no processo de seleção aleatória de genes. O modelo mediu a relação entre três assuntos no banco de dados TSKinFace em uma única etapa, em vez de combinar modelos separados de dois assuntos. Além disso, as experiências verificaram que um modelo simples que incorpora caraterísticas de elevada dimensão é superior a vários modelos complexos existentes.

Quadro 1. Revisão exaustiva de todos os métodos de verificação da filiação existentes

Sim r	**Autor**	**Método**	**Caraterísticas Representação**	**Classificação**	**Base de dados**	**Exatidão (%)**				**Mean Accuracy(%)**	**Human Accuracy(%)**
						F-S	F-D	M-S	M D		
2010	R. Fang et al. [34]	Aspeto e geometria do rosto	22 Baixa nível caraterística s	KNN	Cornell KinFace	-	-	-	-	70.67	67.19
2011	S. Xia et al[36]	Método de aprendizagem por subespaço de transferência (TSL)	Local Gabor	KNN	UB KinFace	-	-	-	-	56.5	53.17

2012	G. Guo et al[43]	Descritores DAISY de partes semânticas	DAISY	Baíaes	200 pares (N A)	-	-	-	-	75	-
2012	X.Zho u et al[44]	Espacial Pirâmide Aprendizagem Descritor de caraterísticas baseado em (S PLE)	Caraterísticas do SPLE	SVM	400 pares (NA)	63.50	61.50	72.50	73.50	67.75	65.75
2014	Jiwen Lu et al[47]	Métrica de vizinhança ou de recuo em várias vistas	LBP+LE+ SIFT+ TPLBP	SVM	KinFace W-I	72.5	66.5	66.2	72	69.9	63.75
					KinFace W-II	76.9	74.3	77.4	77.6	76.5	66.75
		aprendizagem (MN RML)									
2014	H.Yan et al[46]	Método de aprendizagem multimétrica discriminatória (DM ML)	LBP+SPLE+ SIFT	SVM	KinFace W-I	74.5	69.5	69.5	75.5	72.25	63.75
					KinFace W-II	78.5	76.5	78.5	79.5	78.25	66
					Cornell KinFace	76	70.5	77.5	71	73.75	-
					UB KinFace	-	-	-	-	72.25	-
2015	H.Yan et al[48]	Aprendizagem de caraterísticas discriminantes com base em protótipos	Caraterísticas discretas de nível intermédio	SVM	KinFace W-I	73.5	67.5	66.1	73.1	70.1	-
					KinFace W-II	77.3	74.7	77.8	78.0	77.0	-
					Cornell KinFace	74.8	69.1	77.5	66.1	71.9	-

		multi-visão (PDFL)			UB KinFace	-	-	-	-	67.3	-
2015	M. Wang et al. [51]	Verificação aprofundada da filiação (IPV)	LBP	SVM	KinFace W-I	71.8	62.7	66.4	66.6	66.9	-
					KinFace W-II	73.4	68.2	71.0	72.8	71.3	-
2015	X.Qin et al[52]	Novo modelo bilinear simétrico relativo (RSBM)	SIFT	SVM	TSKinF como	FM-S 86.4		FM-D 84,4		-	-
						83.0	80.5	82.8	81.1	-	-
2015	P. Alirezazadeh et al. [53]	Genética Seleção de caraterísticas baseada em algoritmos	Zernike+SPL E caraterística s	SVM	KinFace W-I	77.89	77.99	81.43	87.87	81.3	-
					KinFace W-II	88.8	81.8	86.8	87.2	86.15	-
2015	K. Jhang et al[50]	Redes neurais convolucionais profundas (CNN)	CNN	CNN	KinFace W-I	71.8	76.1	84.1	78.0	77.5	-
					KinFace W-II	81.9	89.4	92.4	89.9	88.4	-
2016	Mínimo Xu e al.[54]	um novo método para a aprendizagem estruturada e esparsa de semelhanças (S3L)	LBP+ HOG+ SIFT	KNN	KinFace W-I	82.4	72.8	74.6	79.1	77.2	-
					KinFace W-II	82.6	73.8	74.1	73.6	76.0	-
2016	X.Zhou	Aprendizagem	HOG LBP	KNN	KinFace W-I	HOG	83.9	76	73.5	81.5	78.6

	et al[49].	por semelhança de conjuntos (ESL)				LBP	81.7	71.1	69.6	74.3	74.1
					KinFaceW-II	HOG	81.2	73.0	75.6	73.0	75.7
						LBP	80.5	72.2	72.8	71.6	74.3
2016	J.Zhna g et al[56].	Modelo de combinação linear (LC)	Alta dimensão LBP histogram	LC model	TSKinF como	FM-S 91.1		FM-D 88.3		89.7	-
2016	Q. Liu e al.[55]	Património Caraterísticas do vetor de Fisher (IFVF)	SIFT	SVM	KinFaceW-I	73.39	71.7	71.14	77.57	73.45	-
					KinFaceW-II	85.6	75.4	82.8	82.6	81.6	-
2017	N. Kohli et al[58]	Quadro de aprendizagem de representação hierárquica(KVRL-fcDBN)	LBP+ HOG	DeeP belief trabalho líquido (fcDB N)	KinFaceW-I	98.1	96.3	90.5	98.4	96.1	-
					KinFaceW-II	96.8	94.0	97.2	96.8	96.2	-
					Cornell KinFace	91.7	87.9	95.2	84.2	89.5	-
					UB KinFace	Pais de crianças e jovens 92	Crianças e idosos 91,5	-	-	90.8	-

					WVU 113 pares (N A)	90.8	84.4	90.6	95.2	90.8	-

CAPÍTULO 6
BASES DE DADOS DE PARENTESCO

7São necessárias bases de dados para avaliar e comparar o desempenho dos vários métodos de verificação de parentesco existentes. Atualmente, estão disponíveis em linha seis bases de dados com protocolos associados. As bases de dados são recolhidas pela comunidade de investigação em condições vinculativas ou não vinculativas. A descrição completa das bases de dados de parentesco é apresentada nesta secção.

6.1. CORNELL KINFACE

A base de dados Cornell KinFace [34] é a primeira base de dados de parentesco em pequena escala. A base de dados continha inicialmente 150 pares de imagens de pais e filhos. No entanto, devido a questões de segurança, 7 pares pais-filhos foram retirados da base de dados. Todas as imagens da base de dados são colecções reais de celebridades e seus pais (ou filhos), recolhidas da Internet por investigadores da Universidade de Cornell. A base de dados contém imagens RGB com uma resolução de 100*100 pixéis. Toda a base de dados está dividida da seguinte forma: 40% dos pares de imagens para pai-filho (F-S), 22% para pai-filha (F-D), 13% para mãe-filho (M-S) e 25% para mãe-filha (M-D), respetivamente.

6.2. UB KINFACE

A base de dados UB KinFace é a segunda base de dados de parentesco mais importante, contendo pares de imagens pai-filho, fornecida por [35, 36, 37]. Todas as imagens da base de dados são colecções reais de celebridades e políticos recolhidas por investigadores da Universidade de Northeastern, nos EUA. As imagens são recolhidas em condições sem restrições e apresentam uma vasta gama de variações, incluindo pose, expressão, iluminação e idade. A base de dados inclui 600 imagens de 400 pessoas asiáticas e não asiáticas divididas em 200 grupos. Cada grupo inclui imagens de crianças, pais jovens e pais idosos. A base de dados contém imagens RGB com uma resolução de 89*96 pixéis. Toda a base de dados está distribuída da seguinte forma: 46,5% dos pares de imagens para pai-filho (F-S), 38,5% para pai-filha (F-D), 6% para mãe-filho (M-S) e 9% para mãe-filha (M-D), respetivamente.

6.3. KINFACEW

A base de dados KinFaceW (Kinship Face in the Wild) recolhida por [38] está dividida em dois subconjuntos, KinFaceW-I e KinFaceW-II, que incluem os quatro tipos de relações pais-filhos. Todas as imagens da base de dados provêm da Internet e incluem imagens de figuras públicas famosas e dos seus pais (ou filhos). As imagens da base de dados são recolhidas sem restrições em termos de pose, fundo, expressão, idade, iluminação, etnia e oclusão parcial. Todas as imagens da base de dados são imagens RGB com uma resolução de 64*64 pixéis. O subconjunto KinFaceW-I inclui um total de 533 pares de imagens pai-filho, distribuídos da seguinte forma 134 pares de imagens pai-filho (F-S), 156 pares pai-filha (F-D), 127 pares mãe-filho (M-S) e 116 pares mãe-filha (M-D), respetivamente. O subconjunto KinFaceW-II inclui 1000 pares de imagens divididos em 250 pares de cada tipo. A diferença entre os dois subconjuntos reside no facto de as imagens KinFaceW-I serem recolhidas de fotografias diferentes, enquanto as imagens KinFaceW-II são cortadas da mesma fotografia. Obtém-se um resultado enviesado quando ambas as imagens de um par de parentesco são cortadas da mesma fotografia, como é o caso no KinFaceW-II.

6.4. FAMÍLIA 101

A Family 101 é a primeira base de dados de parentesco em grande escala recolhida por [39] com estrutura familiar. Todas as imagens da base de dados são imagens de famílias públicas conhecidas, recolhidas pelo investigador no Laboratório de Processamento Multimédia Avançado da Universidade de Cornell. A base de dados é 72% caucasiana, 23% asiática e 5% afro-americana. Todas as imagens da base de dados são imagens RGB com uma resolução de 120*150 pixéis. Inclui 14816 imagens de 607 indivíduos de 206 famílias nucleares de 101 famílias de raiz bem conhecidas. Cada grande família da base de dados contém de 1 a 7 famílias nucleares. No total, existem 206 famílias nucleares, cada uma com 3 a 9 membros. Toda a base de dados está distribuída da seguinte forma: 213 pares de imagens para pai-filho (F-S), 147 para pai-filha (F-D), 184 para mãe-filho (M-S) e 148 para mãe-filha (M-D), respetivamente.

6.5. BASE DE DADOS UVA-NEMO SMILE

A base de dados UvA-NEMO Smile fornecida por [40, 41] é a única base de dados de parentesco que contém vídeos e rostos estáticos. A base de dados original UvA-NEMO Smile inclui 597 vídeos de sorrisos espontâneos e 643 vídeos de sorrisos posados, ou seja, 1240 vídeos de sorrisos de 400 pessoas. Todos os vídeos da base de dados são gravados com uma resolução de 1920*1080 pixéis a uma velocidade de 50 fotogramas por segundo. Os vídeos são recolhidos em condições de iluminação controladas. A base de dados inclui 7 tipos de relações: pai-filho (F-S), pai-filha (F-D), mãe-filho (M-S), mãe-filha (M-D), irmão-irmão, irmão-irmã e irmã-irmã.

6.6. BASE DE DADOS TSKINFACE

A base de dados Tri-subject Kinship Face (TSKinFace) é uma base de dados estruturada de parentesco familiar fornecida por [42] que inclui relações pai-mãe-filha (FM-D), pai-mãe-filho (FM-S) e pai-mãe-filho-filha (FM-SD) com 274, 285 e 228 fotografias de família, respetivamente. Utilizando estas fotografias, são finalmente construídos dois tipos principais de relações, nomeadamente Pai-Mãe-Filha (FM-D) e Pai-Mãe-Filho (FM-S). As relações FM-S e FM-D contêm 513 e 502 grupos, para um total de 1015 grupos de três sujeitos. Todas as imagens da base de dados foram recolhidas da Internet e incluem imagens de famílias de figuras públicas. As imagens foram recolhidas sem restrições em termos de pose, fundo, expressão, idade e iluminação.

O quadro 2 resume e abrange todas as bases de dados de parentesco existentes. As diferentes relações de parentesco apresentadas são pai-filho (F-S), pai-filha (F-S), mãe-filho (MS), mãe-filha (M-D), irmã-irmã (S-S), irmão-irmão (B-B), irmão-irmã (B-S), pai-filha (FM-D) e pai-filho (FM-S). Exemplos de imagens com pares de parentesco para (a) KinFaceW-I, (b) KinFaceW-II, (c) Cornell KinFace. A primeira linha de cada conjunto de dados representa a relação pai-filho (F-S), a primeira linha de cada conjunto de dados representa a relação pai-filho (F-S), a segunda linha representa a relação pai-filha (F-D), a terceira linha representa a relação mãe-filho (M-S) e a quarta linha representa a relação mãe-filha (M-D). Para uma melhor visualização, a Figura 2 apresenta algumas imagens de cada uma das seis bases de dados de parentesco.

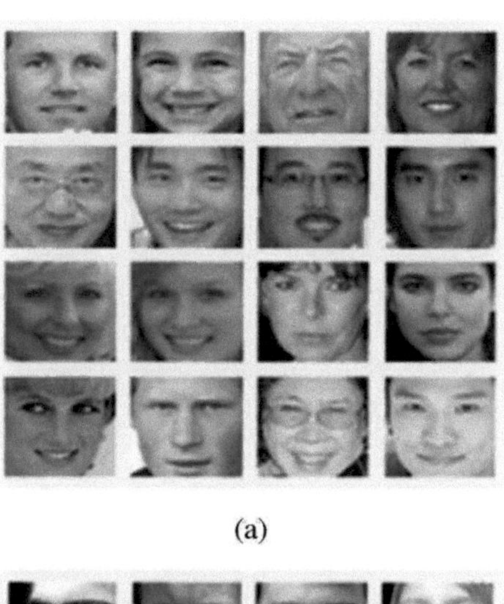

(a)

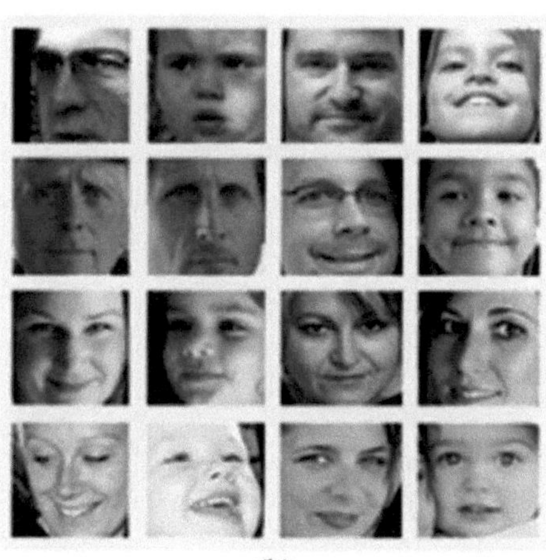

(b)

(c)

Fig.2. Amostra de pares de relações de parentesco para (a) KinFaceW-I, (b) KinFaceW-II, (c) Cornell KinFace. A primeira linha de cada conjunto de dados representa a relação pai-filho (F-S), a primeira linha de cada conjunto de dados representa a relação pai-filho (F-S), a segunda linha representa a relação pai-filha (F-D), a terceira linha representa a relação mãe-filho (M-S) e a quarta linha representa a relação mãe-filha (M-D).

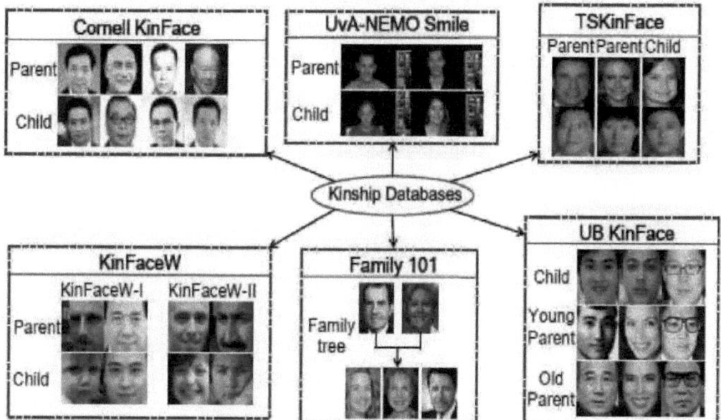

Fig.3. Exemplos de imagens de todas as bases de dados de parentesco disponíveis.

QUADRO 2. RESUMO DOS CONJUNTOS DE DADOS DE PARENTESCO DISPONÍVEIS

Conjunto de dados		Resolução	Tipos de relações	Total de indivíduos	Total de grupos de parentesco	Imagem total	Condição de controlo	Estrutura familiar
Cornell KinFace		100x100	Pais e filhos	287	143	287	Não	Não
UB KinFace		89x96	Crianças e jovens pais	400	200	600	Não	Não
			Crianças e pais idosos		200			
KinFaceW	KinFace W-I	64x64	F-S	1066	156	1066	Não	Não
			F-D		134			
			M-D		127			
			M-S		116			
	KinFace W-II	64x64	F-S	2000	250	2000	Não	Não
			F-D		250			
			M-D		250			
			M-S		250			
Família 101		120x150	Família	607	206	14816	Não	Sim
Sorriso UvA-NEMO		1920x1080	F-S, F-D, M-D, M-S, S-S, B-B, B-S	-	1240	400	Sim	Não
TSKinFace		64x64	FM-D	2589	502	787	Não	Sim
			FM-S		513			

CAPÍTULO 7 AUTOMÁTICO PARENTAL

A verificação do parentesco é uma tarefa que envolve o treino de uma máquina para discriminar amostras de pessoas relacionadas e não relacionadas, com base em caraterísticas faciais extraídas. A ideia da verificação de parentesco utilizando imagens faciais pode ser medida da seguinte forma: Uma imagem facial de entrada é dada como uma consulta e uma base de dados de imagens faciais de indivíduos conhecidos é dada como uma galeria. A tarefa da máquina é distinguir entre os traços faciais da imagem facial de entrada e as imagens faciais de diferentes pessoas da base de dados que têm determinados traços ou caraterísticas em comum.

A estrutura completa de um sistema automático de verificação do parentesco pode ser dividida principalmente em seis fases, desde o pré-processamento até à verificação do parentesco. A arquitetura geral do sistema de verificação do parentesco é apresentada na figura 3.

7.1. DETECÇÃO DA FACE

A deteção de rostos é o primeiro passo no sistema de verificação de parentesco. É definida como o processo de deteção e extração de regiões faciais numa determinada imagem. Uma técnica eficaz de deteção de faces deve ser resistente à orientação, posição e iluminação. As diferentes técnicas de deteção de faces são Viola Jones, Active Appearance Model (AAM), Adaboost Face Detetor, Boosted Cascade of Simple, Neural Network based Face Detection e Fiducial Points Detection.

7.2. PRÉ-TREINO

O pré-processamento é efectuado após a deteção do rosto para normalizar e alinhar todas as imagens faciais no mesmo formato. Nesta fase, são reduzidos vários factores, como a iluminação, o efeito de fundo, a supressão de ruído e a intensidade da cor. Também converte as imagens para escala de cinzentos, equaliza os histogramas e extrai pontos-chave dos rostos.

7.3. EXTRACÇÃO

O passo seguinte é a extração de caraterísticas, definida como o processo de localização e extração de caraterísticas salientes das imagens faciais. Este é o passo mais importante na verificação do parentesco e tem uma grande influência na conceção e no desempenho da classificação. Estudos genéticos demonstraram que as caraterísticas faciais semelhantes se concentram principalmente nos olhos, no nariz e na boca.

7.4. SELECÇÃO DE CARACTERÍSTICAS

A seleção de caraterísticas realizada após a extração de caraterísticas tem por objetivo selecionar o melhor subconjunto de caraterísticas extraídas e eliminar as caraterísticas irrelevantes. Isto resulta num erro de classificação mais baixo. A técnica de seleção de caraterísticas amplamente utilizada na verificação de parentesco é a técnica de redundância mínima e relevância máxima (mRMR) [33], que seleciona o conjunto adequado de caraterísticas e melhora a precisão da classificação.

7.5. CLASSIFICAÇÃO

Uma vez extraídas as caraterísticas salientes, o passo seguinte é a classificação. Esta é definida como o processo de atribuição de uma classe a amostras com caraterísticas faciais semelhantes e outras a classes diferentes. Na fase de classificação, a base de dados é utilizada para treinar o sistema e, a partir do treino, os vectores de caraterísticas salientes extraídos das caraterísticas faciais, constroem conjuntos de caraterísticas discriminantes para gerar um modelo que é depois utilizado para reconhecer semelhanças e parentesco (ou falta de parentesco) de caraterísticas faciais numa imagem de consulta. As diferentes técnicas de classificação utilizadas para a verificação do parentesco são SVM com diferentes núcleos, KNN e rede neural profunda.

7.6. VERIFICAÇÃO DA FILIAÇÃO

A etapa final é a verificação da filiação, definida como o processo de validação de um determinado par de imagens como um progenitor positivo ou negativo com base no resultado da classificação.

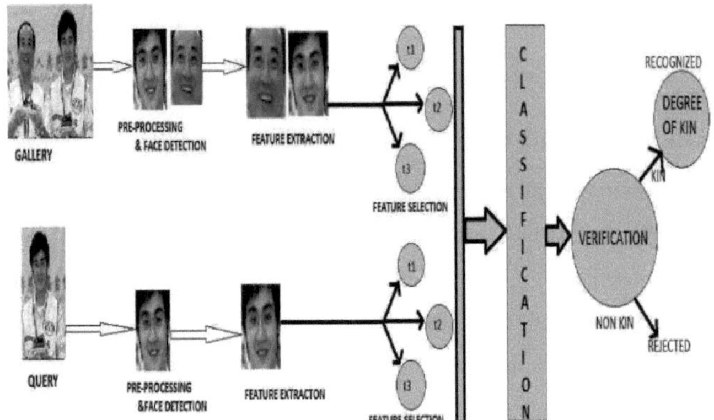

Fig.4. Arquitetura geral do sistema de verificação automática de parentesco

CAPÍTULO 8: QUESTÕES ACTUAIS RELATIVAS À VERIFICAÇÃO DA FILIAÇÃO

Existem alguns problemas e desafios na verificação da filiação que impedem a exatidão da verificação. Foram identificados alguns destes problemas e desafios na verificação do parentesco, o que ajudaria certamente a desenvolver um melhor sistema automático de verificação do parentesco. Verificou-se que os métodos de verificação de parentesco existentes não são capazes de utilizar caraterísticas importantes. Estes métodos não foram concebidos para lidar com factores como a idade e as diferenças de género. Alguns dos métodos de verificação de parentesco existentes têm uma taxa de precisão muito baixa, o que mostra que este problema de investigação exige uma visão forte. Por conseguinte, são necessárias abordagens robustas e sólidas para eliminar estes problemas e melhorar a precisão da verificação. São ainda necessários melhoramentos para garantir um desempenho satisfatório do sistema de verificação automática do parentesco.

Os métodos existentes de verificação da filiação têm sofrido com os problemas das diferenças de género e de idade, que têm tido um impacto negativo na precisão da verificação. Alguns trabalhos [35, 36, 37] tentaram reduzir esta diferença significativa entre pais e filhos introduzindo dados intermédios sobre os pais quando eram jovens. Os métodos empregues utilizaram dados de pais jovens e idosos para fazer a correspondência com os filhos. As caraterísticas extraídas quando os pais eram idosos correspondem às que tinham quando eram jovens, o que constitui um conjunto de dados intermédio. No entanto, esta solução não é viável no mundo real porque as bases de dados disponíveis não contêm imagens dos pais quando eram jovens, pelo que não existe um conjunto de dados intermédio.

No que se refere às bases de dados de parentesco disponíveis, verificou-se que a seleção de imagens faciais pode distorcer a verificação [57]. As imagens da base de dados KinFaceW-II (uma base de dados muito utilizada para a verificação do parentesco) são cortadas das mesmas fotografias. Este recorte de pares de parentesco da mesma fotografia, quando tomado em consideração, pode levar a uma verificação enviesada e a uma classificação simplificada. No caso da base de dados de parentesco mais utilizada, KinFaceW, todas as imagens do conjunto de dados KinFaceW-II foram recortadas das mesmas fotografias originais e várias imagens do conjunto de dados KinFaceW-I foram captadas nas mesmas condições. Por conseguinte, a exatidão da verificação é distorcida. A precisão da verificação de pares de imagens em bases de dados de parentesco também pode ser afetada pelo fundo, pela resolução ou pela cor média.

Por conseguinte, recomenda-se a utilização de imagens em escala de cinzentos recortadas do rosto, sem informações sobre o cabelo, o fundo ou os artefactos.

Para melhorar estas bases de dados, o tamanho deve ser grande, o ambiente deve ser livre de constrangimentos, o número de rostos em cada imagem deve conter o indivíduo e vários membros da família, e o tipo de relação a ter em conta deve ser a relação entre irmãos, pais e filhos e outras relações. Outros factores, como a etnia (raça) e a idade, devem ser tidos em conta para medir a extensão do seu impacto no reconhecimento do parentesco.

Recomenda-se que os futuros métodos propostos validem a exatidão da verificação em todas as bases de dados de parentesco possíveis, em vez de apenas na base de dados KinFaceW. Além disso, a comunidade de investigação sobre parentesco deve também esforçar-se por conceber novas bases de dados de parentesco mais fiáveis, minimizando todas as possíveis fontes de enviesamento.

CAPÍTULO 9
CONCLUSÃO

A verificação automática do parentesco a partir de imagens faciais é um problema de investigação emergente e muito atual no domínio da análise facial e da visão por computador. A verificação do parentesco a partir de imagens faciais deve ser seriamente considerada pelos investigadores, uma vez que é de grande alcance. A verificação do parentesco tem enormes aplicações em sectores criminosos como o tráfico de seres humanos, o contrabando de crianças, as adopções e a procura de crianças desaparecidas. Poderá também contribuir para o desenvolvimento de software de albumina capaz de distinguir os membros da família dos impostores.

Este livro analisa em profundidade a verificação das relações familiares. As bases de dados disponíveis ao público são descritas em pormenor. Os métodos existentes na literatura são resumidos e classificados de acordo com as suas principais contribuições. São destacadas algumas questões difíceis e em aberto e são sugeridas algumas direcções para investigação futura. Por fim, conclui-se que o problema da verificação de parentesco utilizando imagens faciais tem um âmbito imenso e que é necessário conceber num futuro próximo um sistema robusto de verificação automática de parentesco.

BIBLIOGRAFIA

1. M. Dal-Martello e L. Maloney, "Where are kin recognition signals in the human face?" (Onde estão os sinais de reconhecimento de parentesco no rosto humano?) Journal of Vision, vol. 6, n.º 12, p. 2, 2006.
2. M. DalMartello e L. Maloney, "Lateralization of kin recognition signals in the human face," Journal of vision, vol. 10, no. 8, p. 9, 2010. ICSPCC2016
3. Enciclopédia Internacional de Ciências Sociais (2008) Parentesco
4. International Encyclopaedia of the Social Sciences (1968) Parentesco
5. Blaustein AR, O'Hara RK (1981) Genetic control for sibling recognition ? Nature 290(5803):246-24
6. Gordon Marshall (1998) parentesco
7. John Scott e Gordon Marshall (2005) Oxford dictionary of sociology
8. Jha M (1994) Introduction to Indian Anthropology. Vikas Publishing House Pvt Ltd
9. Mondal P Parentesco: um breve ensaio sobre o parentesco
10. Nadimpalli SK, Prasad SSV, Raghava PV (2014) Termos de parentesco em telugu e inglês. Revista Internacional de Ciências Humanas e Sociais Invenção 3(4):44-46.
11. Reis HT, Sprecher S (2009) Encyclopedia of Human Relationships: vol 1. Sage
12. P. N. Belhumeur, J. Hespanha e D. J. Kriegman. Eigenfaces vs. fisherfaces: reconhecimento utilizando projeção linear específica da classe. IEEE Transactions on Pattern Analysis and Machine Intelligence, 19(7):711-720, 1997.
13. Z. Cao, Q. Yin, X. Tang e J. Sun. Reconhecimento facial com descritor baseado em aprendizagem. Na Conferência Internacional do IEEE sobre Visão Computacional e Reconhecimento de Padrões, páginas 2707-2714, 2010.
    A. S. Georghiades, P. N. Belhumeur e D. J. Kriegman. From few to many: Illumination cone models for face recognition under variable lighting

and pose. IEEE Transactions on Pattern Analysis and Machine Intelligence, 23(6):643- 660, 2001.

14. X. He, S. Yan, Y. Hu, P. Niyogi e H. J. Zhang. Face recognition using Laplacianfaces. EEE Transactions on Pattern Analysis and Machine Intelligence, 27(3):328-340, 2005.

15. J. Lu, Y.-P. Tan e G. Wang. Análise discriminativa multimanifold para reconhecimento facial a partir de uma única amostra de treino por pessoa. IEEE Transactions on Pattern Analysis and Machine Intelligence, 35(1):39-51, 2013.

16. X. Tan, S. Chen, Z. Zhou e F. Zhang. Reconhecimento facial a partir de uma única imagem por pessoa: um inquérito. Pattern Recognition, 39(9):1725-1745, 2006.

17. M. Turk e A. Pentland. Eigenfaces for recognition. Journal of Cognitive Neuroscience, 3(1):71-86, 1991.

18. L.Wiskott, J.-M. Fellous, N. Kuiger e C. von derMalsburg. Reconhecimento de rostos por correspondência de gráficos de cachos elásticos. IEEE Transactions on Pattern Analysis and Machine Intelligence, 19(7):775-779, 1997.

19. Cohen, N. Sebe, A. Garg, L. Chen e T. Huang. Reconhecimento de expressões faciais a partir de sequências de vídeo: Temporal and static modeling. Computer Vision and Image Understanding, 91(1):160-187, 2003.

20. B. Fasel e J. Luettin. Análise automática da expressão facial: um estudo. Pattern Recognition, 36(1):259-275, 2003

21. Y. Fu e T. Huang. Estimativa da idade humana com regressão no coletor de envelhecimento discriminativo. IEEE Transactions on Multimedia, 10(4):578-584, 2008.

22. X. Geng, Z. Zhou e K. Smith-Miles. Automatic age estimation based on facial aging patterns (Estimativa automática da idade com base em padrões de envelhecimento facial). IEEE Transactions on Pattern Analysis and Machine Intelligence, 29(12):2234-2240, 2007.

23. G. Guo, Y. Fu, C. Dyer e T. Huang. Estimativa da idade humana baseada em imagens por aprendizagem múltipla e regressão robusta ajustada localmente.

IEEE Transactions on Image Processing, 17(7):1178-1188, 2008.

24. G. Guo, G. Mu, Y. Fu e T. Huang. Estimativa da idade humana utilizando caraterísticas bio-inspiradas. Na Conferência Internacional do IEEE sobre Visão Computacional e Reconhecimento de Padrões, páginas 112-119, 2009.

25. B. Moghaddam e M. Yang. Classificação de género com máquinas de vectores de apoio. Na Conferência Internacional do IEEE sobre Reconhecimento Automático de Rosto e Gestos, páginas 306-311, 2000.

26. B. Moghaddam e M. Yang. Learning gender with support faces. IEEE Transactions on Pattern Analysis and Machine Intelligence, 24(5):707-711, 2002.

27. S. Gutta, J. Huang, P. Jonathon e H.Wechsler. Mixture of experts for classification of gender, ethnic origin, and pose of human faces. IEEE Transactions on Neural Networks, 11(4):948-960, 2002.

28. Y. Ou, X. Wu, H. Qian e Y. Xu. Um sistema de classificação de corridas em tempo real. Na Conferência Internacional do IEEE sobre Aquisição de Informação, páginas 1-6, 2005.

29. G. Kaminski, S. Dridi, C. Graff e E. Gentaz, "Huma ability to detect kinship in strangers' faces: Effects of the degree of relatedness," Proc. Roy. Soc. B, Biol. Sci. 276, no. 1670, pp. 3193-3200, 2009.

A. Alvergne et al, "Cross-cultural perceptions of facial resemblance between kin", J. Vis, vol. 9, no. 6, pp. 1-10, 2009.

30. G. Kaminski, F. Ravary, C. Graff, e E. Gentaz, "Firstborns' disadvantage in kinship detection," Psychol. Sci. 21, no. 12, pp. 1746-1750, 2010.

31. Vieira TF, Bottino A, Ul Islam I (2013) Automatic Verification of Parents-Child Pairs from Face Images, pp 326-333. Springer.

32. R. Fang, K. D. Tang, N. Snavely e T. Chen, "Towards computational models of Kinship Verification", em Proc. IEEE Int. Conf. Image Process, Sep. 2010, pp. 1577-1580.

33. S. Xia, M. Shao, J. Luo e Y. Fu, "Understanding kin relationships in a photo", em IEEE Trans. Multimedia, vol. 14, n.º 4, pp. 1046-1056, agosto de 2012.

34. S. Xia, M. Shao, e Y. Fu, "Kinship Verification through transfer learning," in Proc. Int. Joint Conf. Artif. Intell. IJCAI, julho de 2011, pp. 2539-2544.
35. M. Shao, S. Xia, e Y. Fu, "Genealogical face recognition based on UB Kinface database," in Proc. IEEE Conference on Computer Vision and Pattern Recognition Workshops (CVPRW), 2011, pp. 60-65.
36. Lu, X. Zhou, Y.-P. Tan, Y. Shang, e J. Zhou. Tan, Y. Shang e J. Zhou, "Aprendizagem métrica repelida pela vizinhança para verificação de parentesco", em IEEE Trans. Pattern Anal. Mach. Intell, vol. 36, no. 2, pp. 331-345, Fev. 2014.
37. R. Fang, A. Gallagher, T. Chen, e A. Loui, "Kinship classification by modeling facial feature heredity," in Proc. IEEE Int. Conf. Image Process, Melbourne, VIC, Austrália, 2013, pp. 2983-2987.
38. H. Dibeklioglu, A. A. Salah e T. Gevers, "Like father, like son: Facial expression dynamics for Kinship Verification", em Proc. IEEE Int. Conf. Comput. Vis. dec. 2013, pp. 1497-1504.
39. H. Dibeklio'glu, A. A. Salah, e T. Gevers, "Are you really smiling at me? spontaneous versus posed enjoyment smiles," in Computer Vision-ECCV 2012. Springer, 2012, pp. 525-538.
40. X. Qin, X. Tan, e S. Chen, "Tri-subject Kinship Verification: Understanding the core of a family," in IEEE Trans. Multimedia, vol. 17, no. 10, pp. 1855-1867, 2015.
41. G. Guo e X. Wang, "Kinship measurement on salient facial features", em IEEE Trans. Instrum. Meas, vol. 61, no. 8, pp. Kinship measurement 2322-2325, Aug. 2012.
42. X. Zhou, J. Hu, J. Lu, Y. Shang, e Y. Guan, "Kinship Verification from facial images under uncontrolled conditions," in Proc. Int. Conf. Multimedia ACM, Nov. 2011, pp. 953-956.
43. N. Kohli, R. Singh, e M. Vatsa, "Self-similarity representation of weber faces for kinship classification," in Proc. IEEE 4th Int. Conf. Biometrics, Theory, Appl. Syst. em setembro de 2012, pp. 245-250.

44. H. Yan, J. Lu, W. Deng, e X. Zhou, "Aprendizagem multimétrica discriminativa para verificação de parentesco", em IEEE Trans. Inf. Forensics Security, vol. 9, no. 7, pp. 1169-1178, Jul. 2014.
45. H. Yan, X. Zhou, e Y. Ge, "Neighborhood repulsed correlation metric learning for Kinship Verification", em 2015 Visual Communications and Image Processing (VCIP), Singapura, 2015, pp. 1-4.
46. H. Yan, J. Lu, e X. Zhou, "Aprendizagem de caraterísticas discriminativas baseada em protótipos para verificação de parentesco", em IEEE Trans. Cybern, vol. 45, no. 11, pp. 2535-2545, 2015.
47. X. Zhou, Y. Shang, H. Yan e G. Guo, "Ensemble similarity learning for Kinship Verification from facial images in the wild", em Inf. Fusion, vol. 32, pp. 40-48, Nov. 2016
48. Zhang, Y. Huang, C. Song, H. Wu, e L. Wang, "Kinship Verification with deep convolutional neural networks," in Proceedings of the British Machine Vision Conference (BMVC), X. Xie, M. W. Jones, e G. K. L. Tam, Eds. BMVA Press, setembro de 2015, pp. 148.1-48.12.
49. Wang, Zechao Li, Xiangbo Shu, Jingdong e J. Tang, "Deep Kinship Verification", no 17.º Workshop Internacional do IEEE sobre Processamento de Sinais Multimédia (MMSP), Xiamen, China, outubro de 2015, pp. 1-6.
50. X. Qin, X. Tan, e S. Chen, "Tri-subject Kinship Verification: Understanding the core of a family," in IEEE Trans. Multimedia, vol. 17, no. 10, pp. 1855-1867, 2015.
51. P. Alirezazadeh, A. Fathi, e F. Abdali-Mohammadi, "A genetic algorithmbased feature selection for Kinship Verification," in IEEE Signal Process. Lett. vol. 22, no. 12, pp. 2459-2463, Dez. 2015.
52. Xu e Y. Shang, "Kinship Measurement on Face Images by Structured Similarity Fusion," in IEEE Access, vol. 4, pp. 10280-10287, 2016
53. Q. Liu, A. Puthenputhussery, e C. Liu, "Inheritable fisher vetor feature for Kinship Verification," in Proc. IEEE 7th Int. Conf. Biometrics Theory, Appl. Syst. sep. 2015, pp. 1-6.

54.J. Zhang, S. Xia, H. Pan e A. K. Qin, "A genetics-motivated unsupervised model for tri-subject Kinship Verification," in 2016 IEEE International Conference on Image Processing (ICIP), Phoenix, AZ, 2016, pp. 2916-2920.

55.B. Lopez, E. Boutellaa, e A. Hadid, "Comments on the 'kinship face in the wild' data sets," in IEEE Trans. Pattern Anal. Mach. Intell. vol. 38, no. 11, pp. 2342-2344, 2016.

56.Kohli, M. Vatsa, R. Singh, A. Noore, A. Majumdar, "Aprendizagem de representação hierárquica para verificação de parentesco", em IEEE Trans. Image Process, vol. 26, no. 1, pp. 289-302, Jan. 2017.

Printed by Books on Demand GmbH, Norderstedt / Germany